我们的地图旅行

〔日〕那须正干◎著　〔日〕西村繁男◎绘　金海英◎译

北京科学技术出版社

这个故事是从小信和安井的争论开始的……

星期一的早上，我和小信刚一进教室，就看到安井在讲自己出去兜风的事情。我们没有说话，走到大家身后当听众。

野浜的路非常复杂难走，我们刚到町政府就迷路了，好不容易到了岬（jiǎ）角①那儿，却根本没找到灯塔，只好在海边玩儿了一会儿就回来了。

野浜町在我们居住的绿市以南，位于一座较大半岛的最南端。那儿的海岸线错综复杂，有很多岬角和沙滩。安井和家人就是到那里的海岸开车兜风去了。

就在这时，小信开口了。

谁让你不带地图的！要是带着地图就不会迷路了。

地图当然带了呀！

那还迷路了？看来，要么是地图太旧，要么就是你根本不会看地图。

你的意思是，只要你有最新版地图就不会迷路？

当然！我只要有地图和指南针，哪儿都能找到。

好！那你去一趟野浜，找到灯塔再回来吧！不可以坐公交车，必须得骑自行车去！

从绿市到野浜距离很远，即使坐公交车也要一个小时左右。

骑自行车怎么去？！

哼，说大话了吧？你也没把握嘛！

① 岬角：突入海中的尖形陆地。——编者注

大家正争执不下时，旁边传来了开朗活泼的水本的声音。

从我们这里去野浜的话，可以先坐电车到中辻（shí），然后下车走过去。

从绿市坐电车朝野浜方向走，中辻是第二站。

春天，我和爸爸爬过一座叫"陶个岳"的山，就是在中辻下车，向野浜方向走了一段。我在地图上查过，从中辻到野浜大约有8千米。8千米应该很近吧？

哦，还可以从中辻过去啊。喂，小信，你就走8千米，去野浜找到灯塔再回来吧。要是你真能不迷路，安全回来的话，我就相信你不是吹牛了。

小信，加油！那一带景色优美，你的这次旅行肯定会非常开心的。

是啊，8千米应该还好。

小信一边说着，一边回头看了我一眼。

小田，怎么样？咱俩一起去吧！

啊？我也要去吗？

嗯，也好！小田，你也去吧！你可要好好监督啊，帮我们看看小信有没有迷路，有没有真的找到灯塔。

小信当着大家的面宣布，下次放假我们会从中辻去野浜的岬角，来一次地图旅行。

由于小信的邀请和安井的指派，害得我也要一起行动。小信和安井的关系一直不好，因为一点点儿事情都会拌嘴。拌嘴倒也罢了，这次竟然连累我一起遭殃，真让人受不了。

小信，咱们真的能找到灯塔吗？

我跟哥哥借地图，没事的。他有特别详细的最新版地图！

小信的哥哥是高中生，喜欢登山，有很多露营用的工具。他的地图应该错不了。不过，对两个五年级的小学生来说，就算地图再正确，这次旅行也是个巨大的挑战。

我们刚把旅行计划说出来，小信的哥哥马上就露出了怀疑的神情。

就你们俩？从中辻走到野浜的岬角？能行吗？

听说只有8千米左右。这点儿距离我们应该没问题。

中辻走到野浜的最南端……这张地图可能不够。

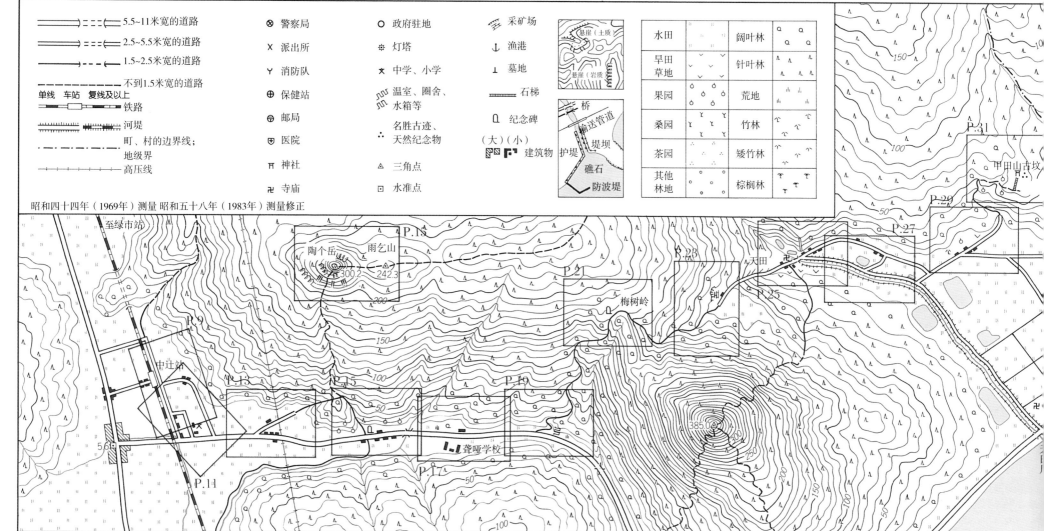

这里是中辻站，去野浜的话，从半岛中央往东走就行了。看，这里是政府驻地对吧，灯塔所在的岬角应该就在这里。

小信的哥哥在地图上指着。我们看到，他指的是与铁路相交的 ══════。这条路向右延伸，中途绕着山拐了一个弯，又延伸了一段后，应该是和通往野浜的大路连在了一起，但是地图上看不到了。哥哥的手指离开这条道路，沿着山中的 ────── 向前移动。这条路也是和通往野浜的大路连在一起的。接着，哥哥的手指继续在地图上移动，终于到达了○，这里是政府的办公地点，道路经过它继续向右延伸，最后到达了岬角。在地图上可以看到，三个岬角像恐龙爪子一样向蓝色的大海伸了出去。

其中一个岬角上标着☀。它肯定就是我们要去看的灯塔。

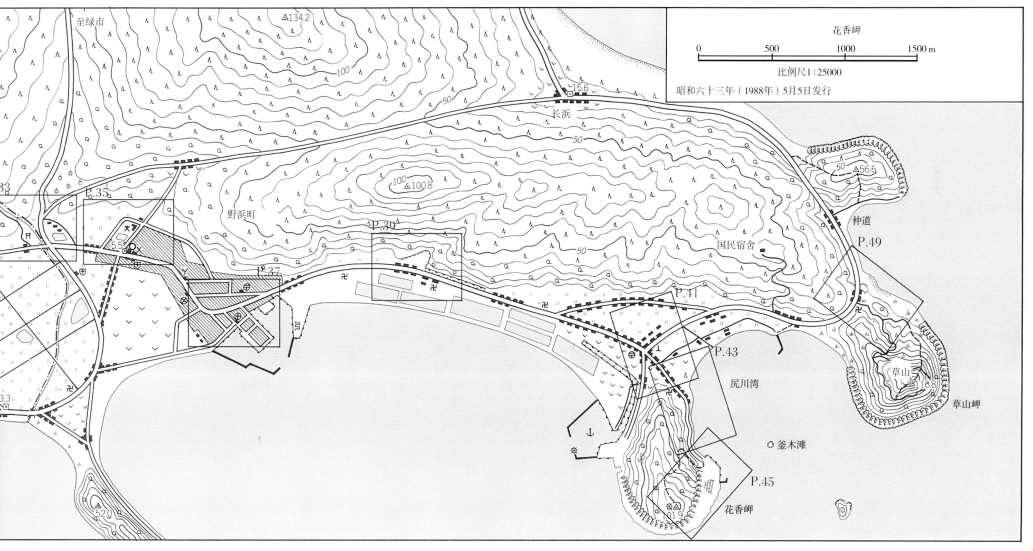

从中辻站一直向东走，不就可以看到灯塔了吗？很近嘛！对吧，小田？

从地图上看着近，但是实际走起来，估计会比较累。这地图可是1：25000的。

什么叫1：25000？

就是说，这地图的比例尺是1：25000。喏，这儿有刻度，表示地图上的1厘米代表实际距离的250米。

1厘米就是250米呀！

刚刚你们说从中辻到野浜有8千米，但是要走到有灯塔的岬角应该要远一些。我估计至少有11千米。中间还有山路，实际上应该有12~13千米。

12~13千米有多远呀？

如果按比例缩小，把我们画在这地图上，大概有多大呢？会像蚂蚁那么小吗？

如果按这张地图的比例尺，人充其量也就是细菌那么小吧。

细菌？那么小呀！

对呀，因为1米的物体画在地图上也不过0.04毫米嘛。

6

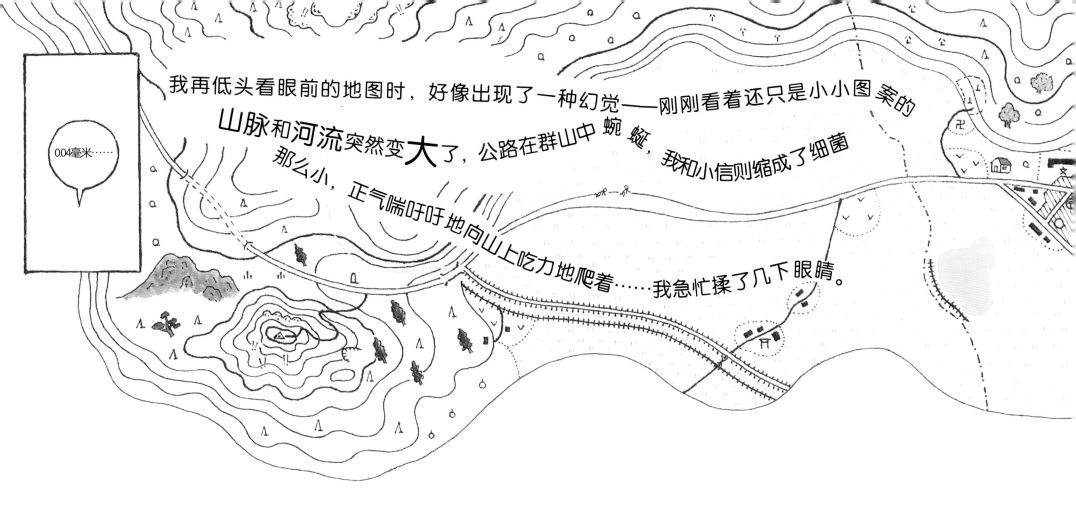

我再低头看眼前的地图时，好像出现了一种幻觉——刚刚看着还只是小小图案的**山脉**和**河流**突然变**大**了，公路在群山中**蜿蜒**，我和小信则缩成了细菌那么小，正气喘吁吁地向山上吃力地爬着……我急忙揉了几下眼睛。

0.04毫米……

星期五，老师们开研讨会，学校放假一天。

早上7点50分，我和小信在绿市站坐上了下行的电车。

我们的背包里放着便当、饼干、手电筒、绳子、药和雨衣等。当然，还有小信从哥哥那里借的指南针和地图。上一次我们看到的两张地图已经被粘在一起，这样我们今天要走的路线就一目了然了。大概过了10分钟，电车到达了中辻站。

刚走出车站，小信就打开了地图。

"咦？车站的西侧不应该有这条道路呀！"

小信看着面前的沥青路自言自语。

这条道路和铁路平行，经过车站一直向前延伸。地图上确实没有这条道路。没想到刚出站就迷路了，我心里突然感到非常不安。

不管了，先往南边走走看吧。应该能走到通往野浜的路上。

小信好像下了决心，坚定地向前走去。我们沿着沥青路走了一小段，果然来到一条大路上。

"你看，我说得没错吧！这就是通往野浜的路。"

确实，这条道路与铁路垂直，肯定是地图上画的那条路。

这回我放心了，和小信肩并肩向前走去。

走过岔路口，道路两旁出现了大片的水田，还有几个农民在劳作。

"沿着这条路一直向东就行。"小信拍了一下地图。

"这地图的上面就是北方吗？"

听我这么一问，小信非常惊讶地望着我。

这你都不知道啊？如果没特意标注的话，地图一般都是上面是北方，下面是南方，左面是西方，右面是东方。世界地图不就是北极在上面，南极在下面嘛。

听了这番解释，我不禁在心里感叹：小信懂得可真多呀！

这条路也是用沥青铺的，非常宽敞，来往的车辆也很少，走着特别舒服。

我们走了半天，终于来到一个写有"陶个岳登山口"的标志前面。从这里看去，左手边是橘林，橘林的后方耸立着一座山。

小信给我看地图。只见地图上"陶个岳"几个字被弯弯曲曲的线围着，而且线中间还有一些！和 自 之类的符号。听他说，！是指由土形成的悬崖，自 是指由岩石形成的悬崖；而那些弯弯曲曲的线是等高线，就是海拔高度相同的点连接而成的闭合曲线。

"等高线的间隔很窄的话，表示这座山很险峻；间隔如果比较宽，就表示这座山比较平缓。"

陶个岳的等高线间隔非常窄，而旁边的雨乞山的等高线间隔很宽。远远望去，也能很明显地看出来雨乞山的山势比较平缓。

这就是陶个岳！哇，水本居然能爬这么陡的山，真厉害！

走过了一座叫"梅树桥"的小桥后，我们的右手边出现了一栋红屋顶的建筑，看得出是所学校，操场的一角还立着提示灯。

"哦，这里应该就是聋哑学校！"小信一边说一边看手表。

"走30分钟就要休息5分钟，这是哥哥告诉我的。咱们休息一下吧。"

于是，我们在路边坐了下来。

"已经走了大约2千米了吧？前面就是山路了，咱们爬梅树岭时肯定能看到大梅树。"即使在休息的时候，小信也不忘看地图。

休息了大约5分钟，我们又出发了。

来到山路入口时，我们发现这条小路没有铺沥青，非常狭窄，沿着山体向右弯曲延伸。在地图上可以看出这条山路和其他道路的区别：前面我们走过的那些道路一直都是由＝＝＝表示的，到了这里则变成了——。这说明路变窄了。

爬得越高，两边的山就越朝我们逼近，周围也变得越昏暗。而且，山路蜿蜒崎岖，一时半会儿真的无法辨清究竟在朝哪个方向走。

我和小信正走得气喘吁吁时，突然感觉眼前一亮——我们到达山顶了。

环顾了一下四周，我们发现，除了灌木丛中立着一块写有"道祖神"的石碑外，一棵梅树都没有。

"这儿以前肯定种过梅树，只不过现在枯死了。"

看小信说话的样子，好像不在这里种棵大梅树就不甘心似的。

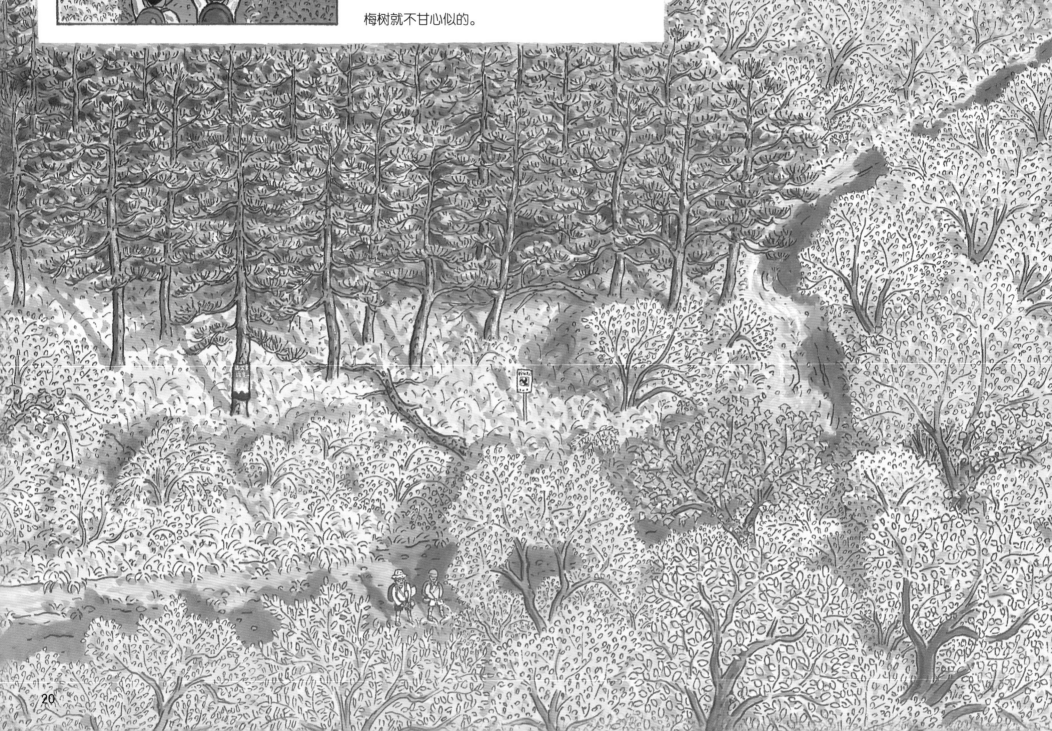

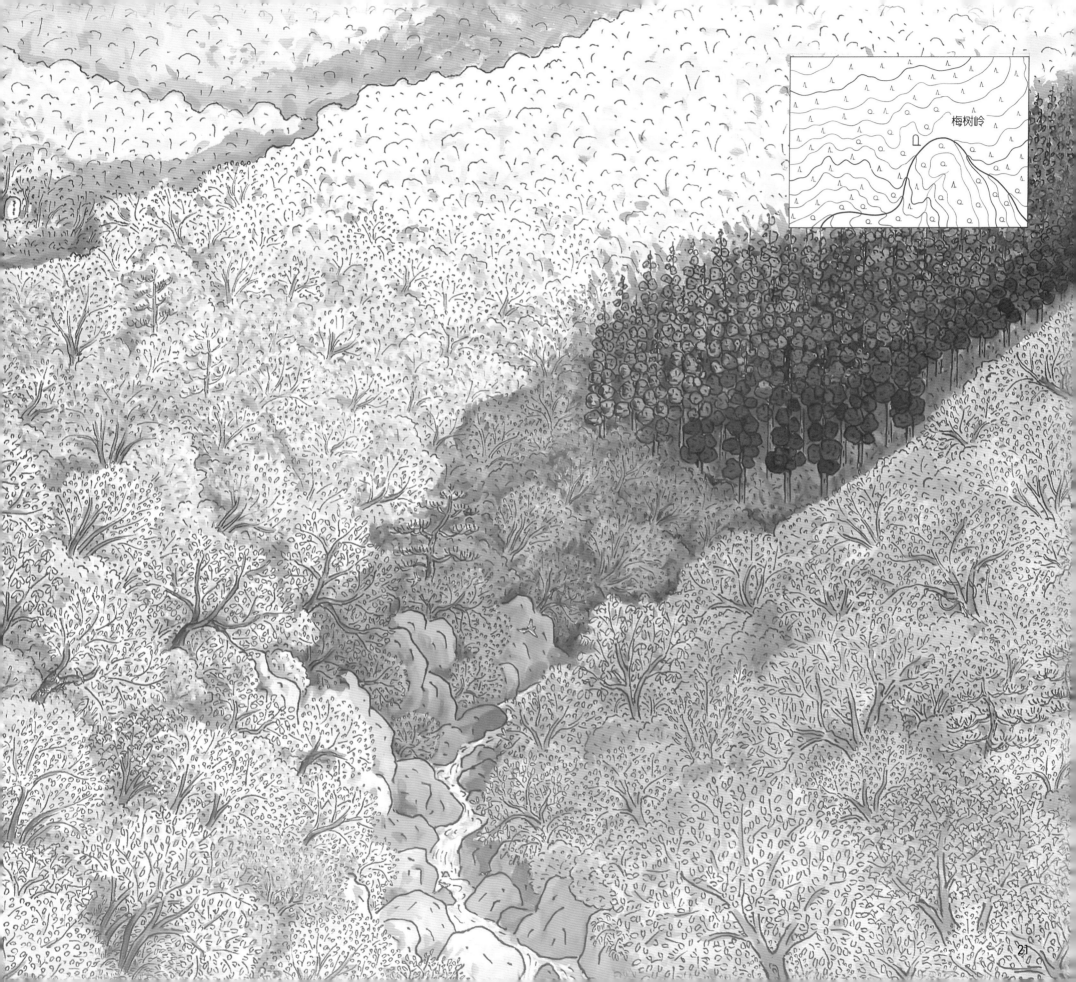

梅树岭

走下梅树岭，两侧的山再次离我们远去，继而出现的是一片片水田。

一回头，我发现刚刚走下来的山就在我们身后。山的南边还耸立着另一座高山。

那座山叫什么呀？

从地图上看好像是……这座山，可是没名字。高度倒是标出来了，385米。

当心山体滑坡

注意山火

啊？比陶个岳和雨乞山还高，居然没名字？

肯定有名字，只是没那么出名，地图上就没标注。

可惜！这么雄伟壮观却没被标在地图上……

我表示惋惜，小信也认同地跟着点头。

这么看来，我们出站时走的那条路地图上也没有标出来，还有沿途经过的梅树桥、桥下的小河，也都没有在地图上出现。原来，再详细的地图也不会把所有的东西都标注在上面啊。

我们穿过一个小村子，村里大约有20家农户。再往前走，出现了一条约5米宽的河道，上面架着一座小桥，桥旁有一个小小的佛堂。我看了一下手表——9点20分，距离上次休息已经过了40多分钟。我们决定，在佛堂旁边休息一下。

看了地图才知道，这个地方叫"天田"。天田这一带的池塘可真多呀，山脚下、水田间……到处都有绿色的池塘。

他们挖了这么多池塘，看来是为了蓄积雨水。

因为是枯水期，桥下的河流已经干涸，河床上长满了杂草。而这条河就叫"天田川"。

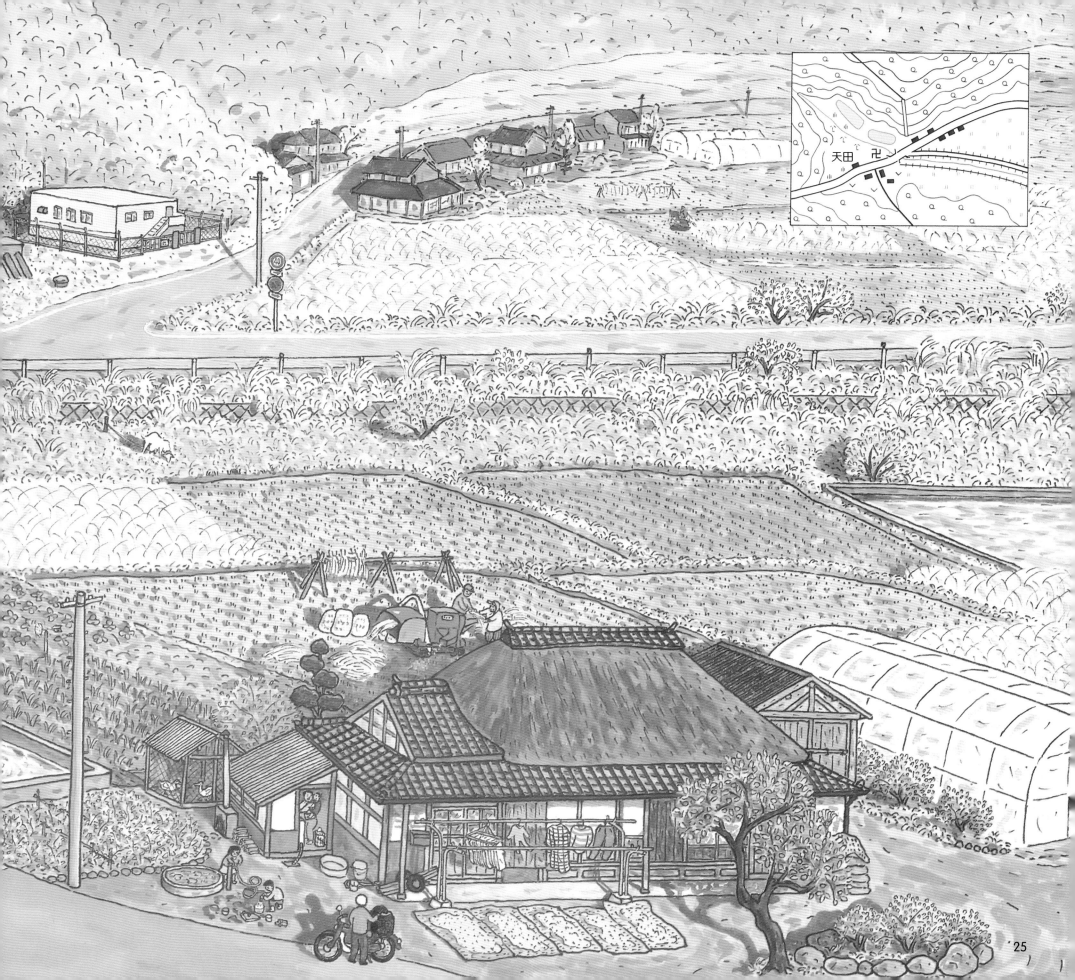

天田 卍

25

道路跨过天田川的河堤，一直向东延伸。仔细一看，河堤一侧的水田比河床还要低，一旦下大雨，河水水位升高，就会威胁水田的安全。农民把河堤修得这么高，肯定是为了不让河水漫出来。

我们查看了地图，发现河堤是用 ┼┼┼ 表示的。

因为河堤比较高，站在上面可以尽览周围风景。

"小田，那里就是岬角吧？"小信用手指着说。

沿着水田的方向望过去，我看到在遥远的前方有一座淡青色的山从地平线上微微隆起。

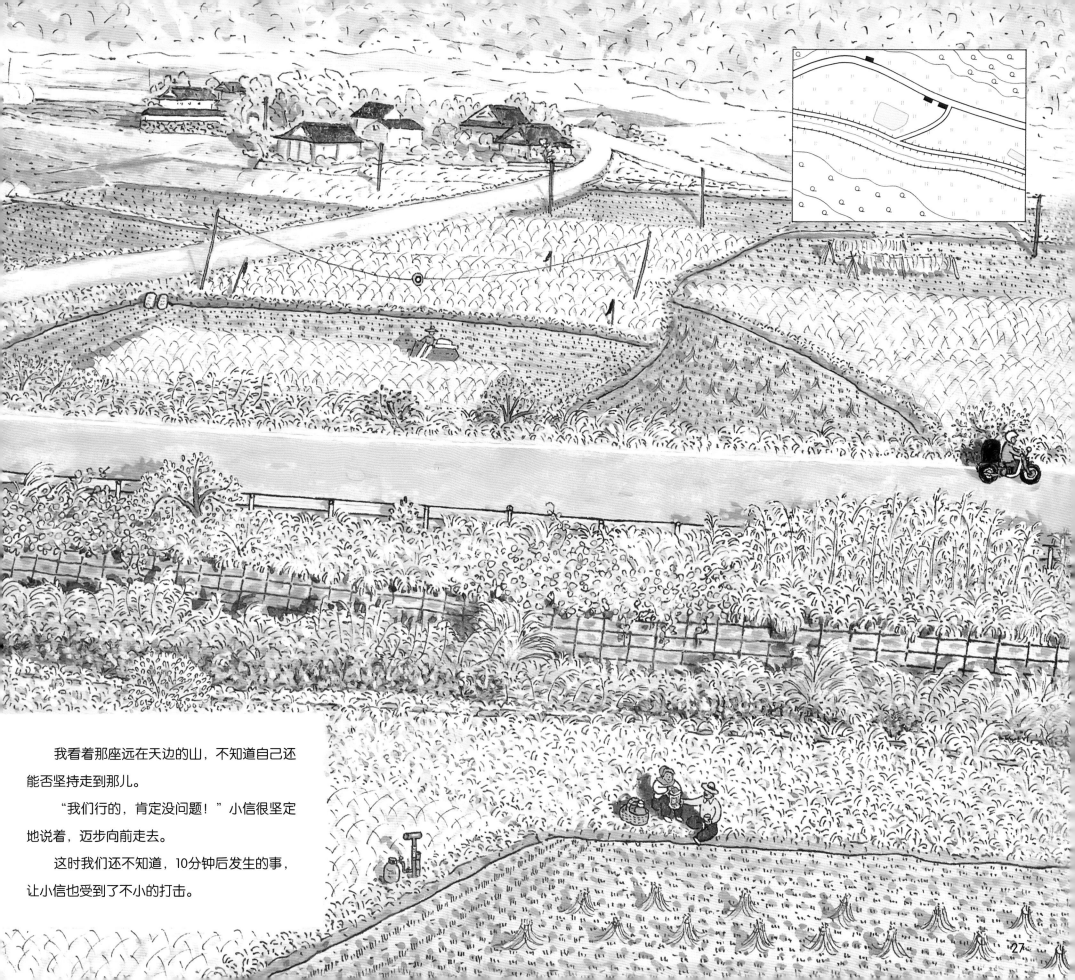

我看着那座远在天边的山，不知道自己还能否坚持走到那儿。

"我们行的，肯定没问题！"小信很坚定地说着，迈步向前走去。

这时我们还不知道，10分钟后发生的事，让小信也受到了不小的打击。

道路逐渐远离了天田川的河堤，靠北面的山脚越来越近。终于，我们面前出现了一个岔口。

"应该走左边那条路。"小信丝毫没有犹豫，开始朝左边的路走去。

我跟在他身后走了一会儿，发现道路一直向山里延伸，不禁问道："小信，是这条路吗？"

"是啊，咱们现在就在这座山旁边呢！"说着，他指地图给我看。

地图上确实有一条路沿着山的轮廓延伸，但我总觉得不太对劲儿。

又过了一会儿，我忍不住说："你还是看一下指南针吧！岬角不是在那边吗？"

禁不住我的多次催促，小信不情愿地拿出了指南针。

小信有些慌张地环顾四周，我也跟着四处看了看。

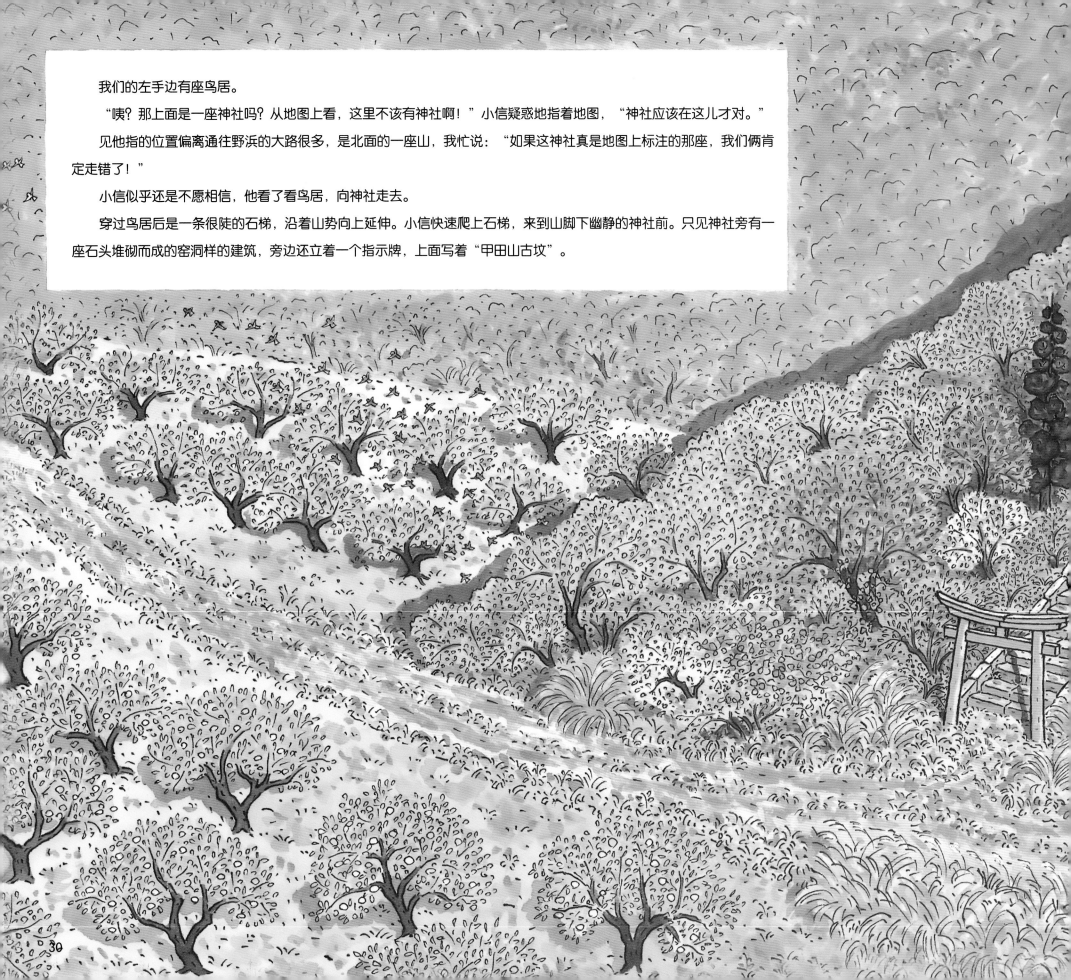

我们的左手边有座鸟居。

"咦？那上面是一座神社吗？从地图上看，这里不该有神社啊！"小信疑惑地指着地图，"神社应该在这儿才对。"

见他指的位置偏离通往野浜的大路很多，是北面的一座山，我忙说："如果这神社真是地图上标注的那座，我们俩肯定走错了！"

小信似乎还是不愿相信，他看了看鸟居，向神社走去。

穿过鸟居后是一条很陡的石梯，沿着山势向上延伸。小信快速爬上石梯，来到山脚下幽静的神社前。只见神社旁有一座石头堆砌而成的窑洞样的建筑，旁边还立着一个指示牌，上面写着"甲田山古坟"。

甲田山古坟

"小田，咱俩真走错了！刚刚在那个岔路口，不该选左边的路。"小信大声叹着气。

地图上神社的旁边有 ———— 表示的路，这条路是通往野浜的支路。

"这神社真是地图上的这个吗？"我用手指了指 ———— 旁边的 开。

"肯定没错。神社旁边还有名胜古迹、天然纪念物的图例呢。"小信沮丧地回答。

我仔细看了看，确实，神社的图例旁边标记着 ∴。

咱们原路返回吗？

甲田山古坟

"先休息一会儿吧。"小信说着，一屁股坐在了神社台阶上。我也突然觉得很累，在小信旁边坐下来。

闲着没事，我读了读那块指示牌上的字，这才知道，原来这座用石头堆砌起来的窑洞是很久很久以前的古坟遗址。40年前考古的时候，在石棺里发现了钢刀、马具什么的。没想到，这么偏僻的地方很久以前也是有人居住的。

"小信，咱俩太幸运了！竟然参观了这么稀罕的古迹！"

听我这么说，小信点点头，站起来说："好了，咱们赶紧原路返回吧！"

我们重新回到岔路口，这次走右边的那条路。

走了一会儿，前方出现了一个十字路口。经过汽车修理厂后，小信用手指着路边的一个牌子说：

"小田，我们到了！"

我清楚地看到，那牌子上写着"野浜町"几个字。

终于走到了野浜町，我忍不住欢呼起来。

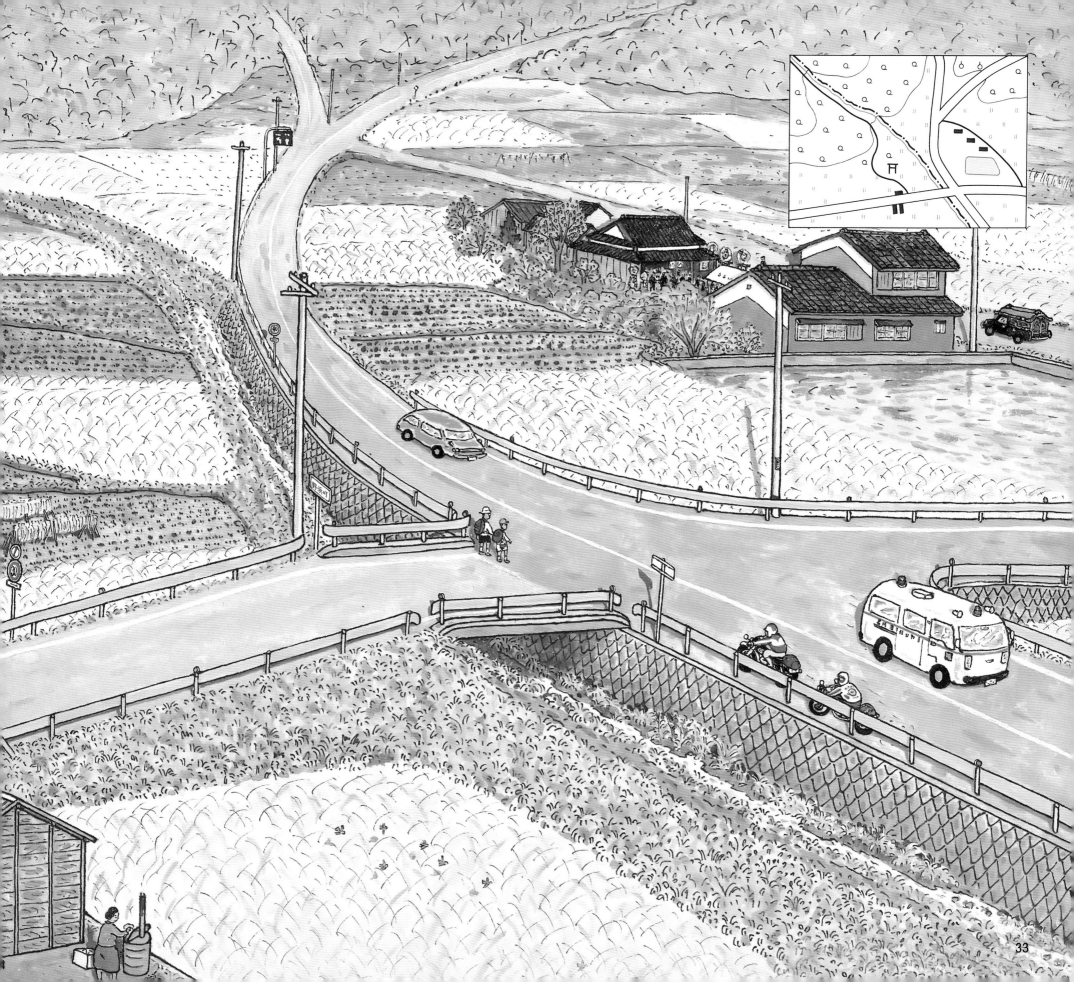

33

11点30分，我们到达了野浜。这里的道路两旁有很多商店，十字路口处还有农协的大楼，它的对面是町政府，旁边还有派出所。看来，野浜的主要建筑都集中在这十字路口附近了。

过了十字路口，我突然闻到一股海水的腥味——大海应该离我们很近了。但是，这里的道路非常复杂，哪一条才是通往岬角的呢？真的很难分辨清楚。

怪不得安井迷路了！

咱们有指南针，没问题的！

过马路要左右看

招募

小信看了看指南针，非常自信地选了一条路，向前走去。

35

沿着小信选的路一直走，我们来到了一座码头。码头外是由长长的护堤围着的港口。

港口里停泊着很多渔船。码头上到处晒着渔网、章鱼笼等渔具。蓝色屋顶的建筑好像是海鲜市场，渔民捕到的鱼也许都是拿到那里去卖的。

离开码头，我们走到了向东延伸的道路上。虽然稍微走了一段弯路，但小信说得没错，就当进行了一次实地考察好了。

码头的入口处有公交车站，去绿市的公交车从这里出发。小信连忙记下了发车时间。

看了看地图，我们计算出到灯塔所在的岬角还得走3千米左右。现在已经是中午了，不过我们决定先不吃饭，继续赶路。

小信掩饰着自己的慌张，装模作样地回答道。

道路旁边立着一块写有"日本对虾养殖场"的牌子。我这才想起来，野浜正是以养殖日本对虾而出名的，我在社会课上学过。日本对虾体长20厘米左右，很适合做寿司用，非常好吃。

人们先是人工孵化虾卵，然后将虾苗放到海水养殖场里养大。我很想看看他们是怎么养殖的，这也是一种社会实践啊！可小信头也不回，径自向前走去。

经过邮局后，前方又出现了一个十字路口。不远处的海岸边有一座三角形的山。山上除了很多切削过的痕迹外，还有一条路，就像一道划过的闪电。但是，我们没有看到像灯塔的建筑。

朝另一条路看过去，能看到一座小山，山顶上还有一座白色的塔，我觉得那可能就是灯塔。

我凑过去看了一下地图，发现灯塔的确是在花香岬。那座白色的塔看来只是外观比较像灯塔的建筑而已。而且，草山岬只标有符号 △，并没有灯塔的图例。

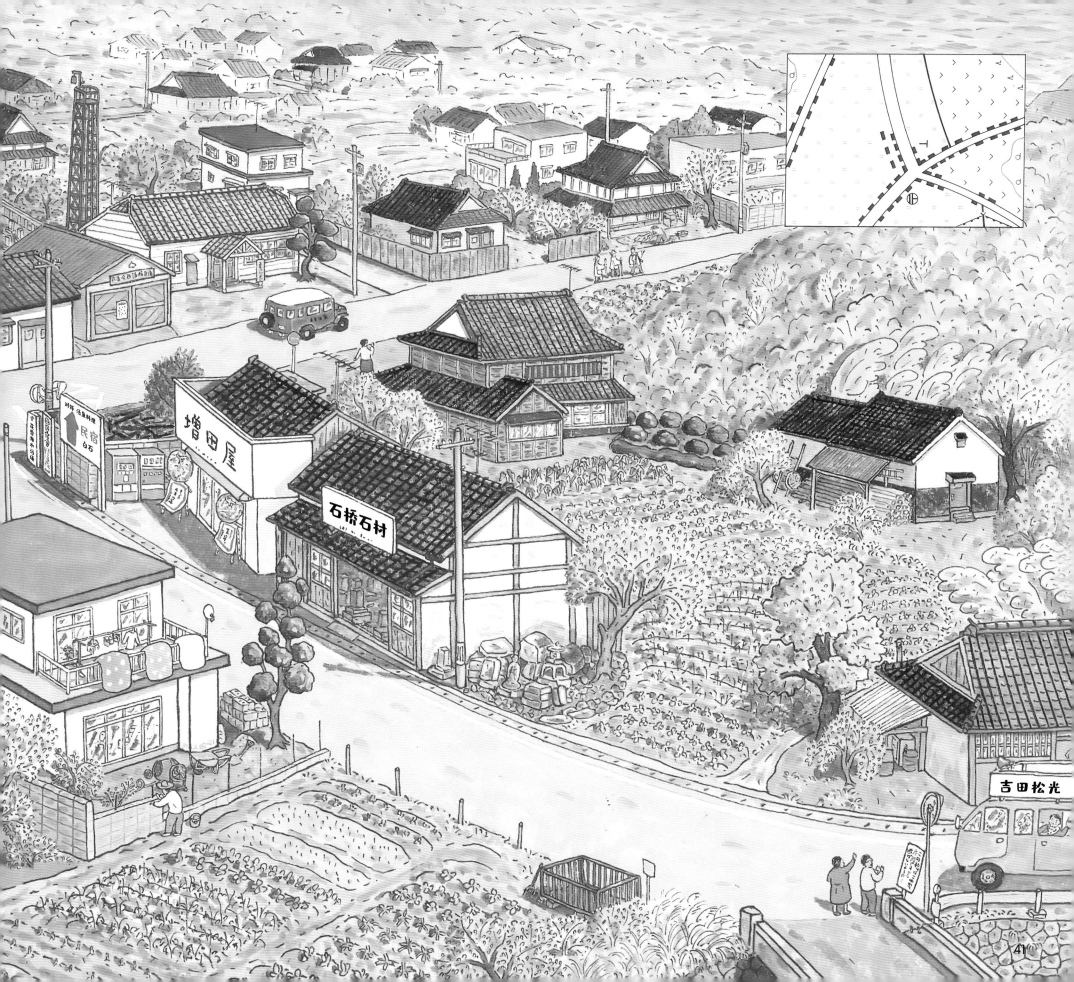

41

走过一条有小寺庙的路，前方出现了一片松林，穿过松林就是蔚蓝色的大海。我们终于到达了野浜的海边。

白色的沙滩沿着呈弓形的海岸线，一路蜿蜒。

这儿是尻川湾，那边是草山岬，这边是花香岬。从这儿看不到灯塔，但花香岬肯定有灯塔，地图上是这么标的。

此时是12点30分，距离上次在神社休息已经超过了1个小时。我的肚子饿得咕咕叫，但小信一点儿休息的意思都没有，一副不找到灯塔誓不罢休的架势。

见小信紧了紧背包，继续向前走，我只好快步跟上去。

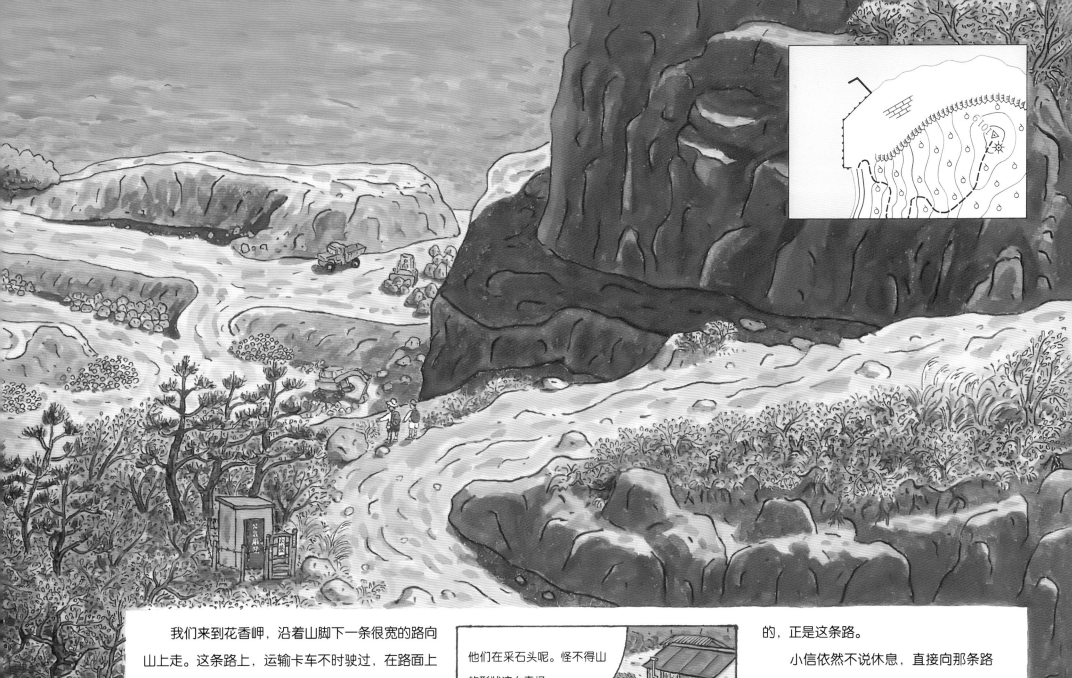

我们来到花香岬，沿着山脚下一条很宽的路向山上走。这条路上，运输卡车不时驶过，在路面上留下很深的印记。

很快，我们绕到了岬角的另一侧。岬角的东侧是一座靠海的山，一边已被削平，直上直下的悬崖矗立着。悬崖下面还有很多挖掘机、推土机等大型机械正在工作。

路到这里就没有了——一扇铁栅栏门上挂着"花香岬采矿场"的牌子，阻止了我们继续向前。

他们在采石头呢。怪不得山的形状这么奇怪。

香岬采矿场

大门旁边有一条路，弯弯曲曲地沿着山体延伸，好像是推土机推出来的。我们在很远处看到

的，正是这条路。

小信依然不说休息，直接向那条路走过去。

山的西面有一片树林，道路像闪电般穿林而过。大概走了15分钟，我们到达了山顶。

山的东面是采矿形成的悬崖，悬崖下面是那些施工机械。

直到现在，灯塔依然没有出现。

45

"小信，我觉得灯塔在那边的岬角上。"我指着海湾另一头的岬角说。那边的山像倒扣的饭碗，顶上还有一座白色建筑。

见我提出反对意见，小信不高兴地把脸扭向一边。我只好沉默不语，转过身去静静地看着周围的景色。

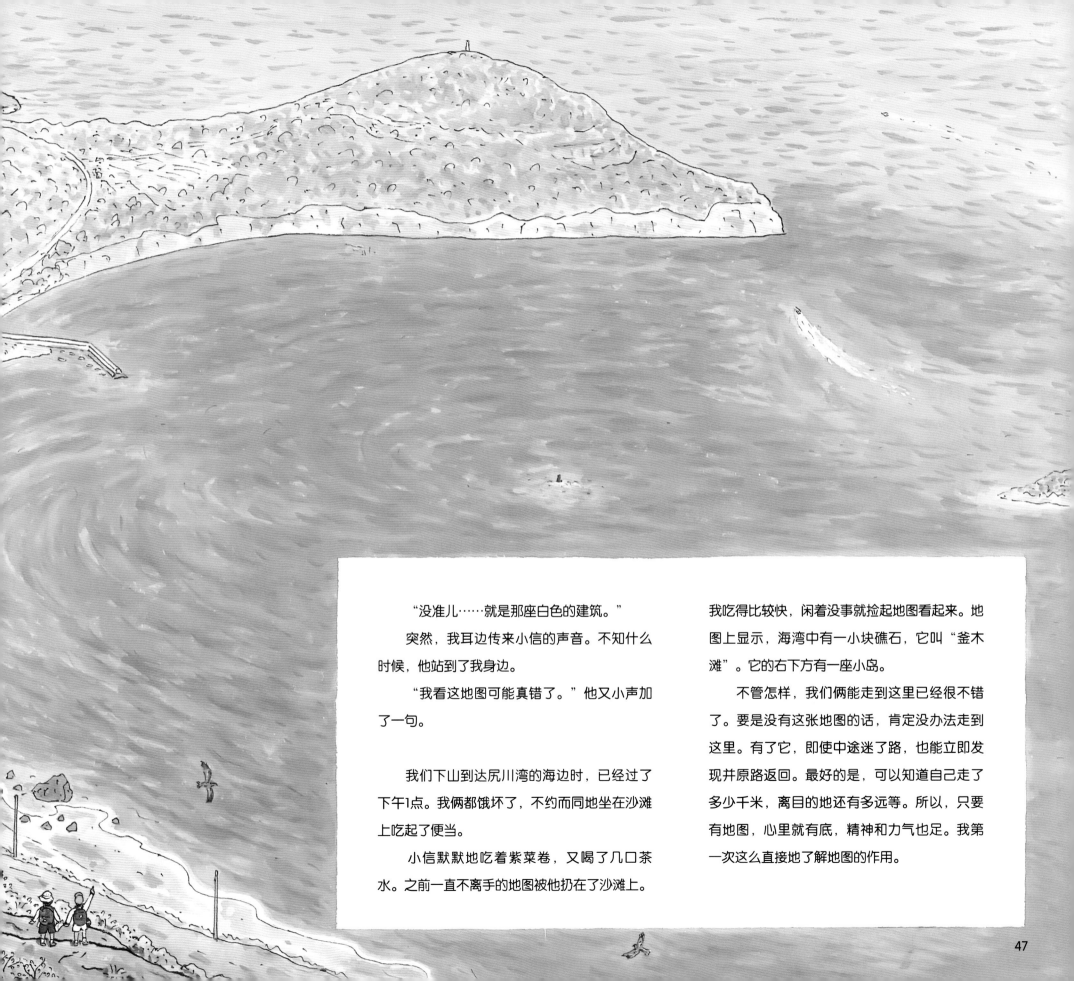

"没准儿……就是那座白色的建筑。"

突然，我耳边传来小信的声音。不知什么时候，他站到了我身边。

"我看这地图可能真错了。"他又小声加了一句。

我们下山到达尻川湾的海边时，已经过了下午1点。我俩都饿坏了，不约而同地坐在沙滩上吃起了便当。

小信默默地吃着紫菜卷，又喝了几口茶水。之前一直不离手的地图被他扔在了沙滩上。

我吃得比较快，闲着没事就捡起地图看起来。地图上显示，海湾中有一小块礁石，它叫"釜木滩"。它的右下方有一座小岛。

不管怎样，我们俩能走到这里已经很不错了。要是没有这张地图的话，肯定没办法走到这里。有了它，即使中途迷了路，也能立即发现并原路返回。最好的是，可以知道自己走了多少千米，离目的地还有多远等。所以，只要有地图，心里就有底，精神和力气也足。我第一次这么直接地了解地图的作用。

下午1点40分，我和小信开始向我们认为的灯塔方向进发。只有坚持走到有灯塔的岬角，才算遵守了和安井的约定。

离开花香岬前，我又观察了一下地形——山脚下是一片平地，延伸到岬角的山向大海凸出。我想：没准儿花香岬以前也是一座小岛，是山逐渐把它和陆地连在了一起，形成了现在的地貌。

尻川湾的海岸线旁有一条路，我们一直沿着它走，爬上了一座小山。山从西边延伸过来，直达海边。山顶有一家咖啡厅，一位阿姨正在外面打扫卫生，小信忙"嗒嗒嗒"地向阿姨跑去。

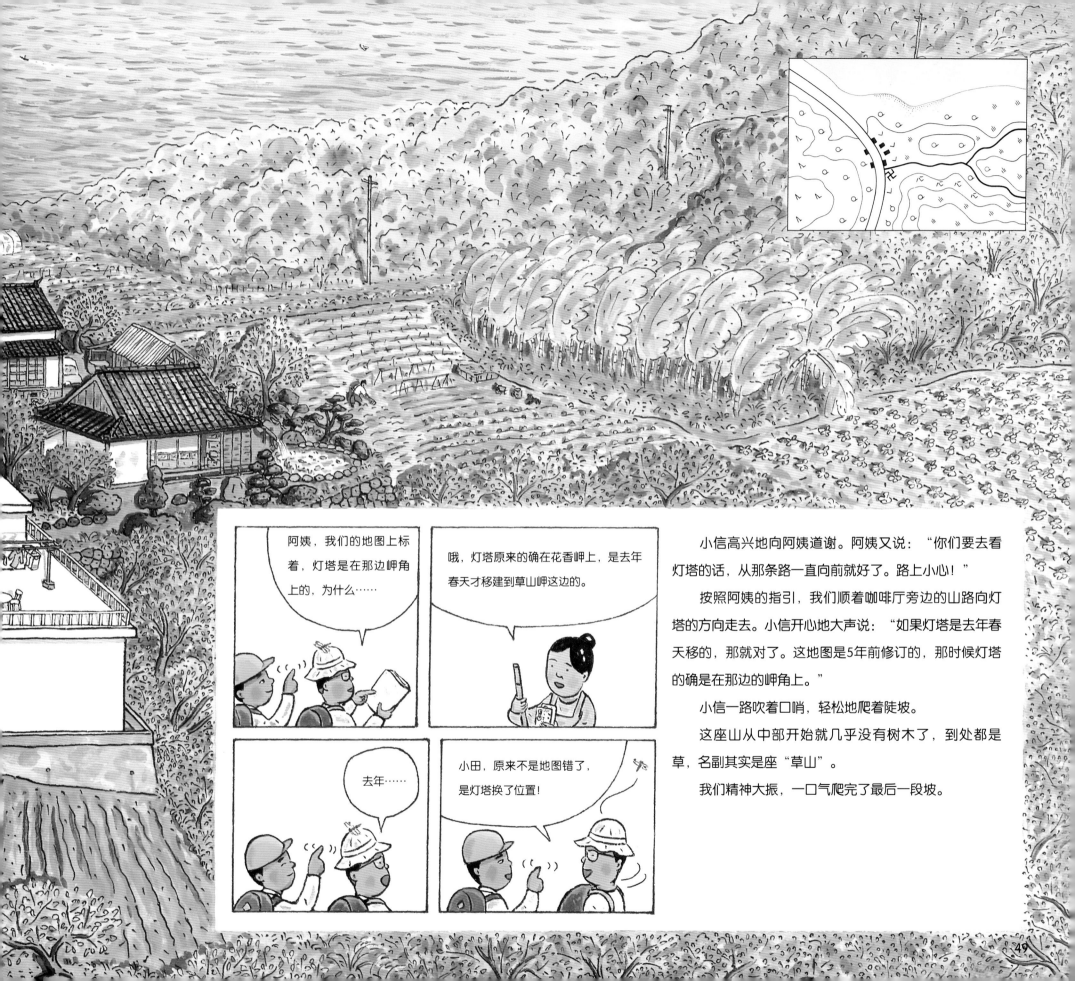

阿姨，我们的地图上标着，灯塔是在那边岬角上的，为什么……

哦，灯塔原来的确在花香岬上，是去年春天才移建到草山岬这边的。

去年……

小田，原来不是地图错了，是灯塔换了位置！

小信高兴地向阿姨道谢。阿姨又说："你们要去看灯塔的话，从那条路一直向前就好了。路上小心！"

按照阿姨的指引，我们顺着咖啡厅旁边的山路向灯塔的方向走去。小信开心地大声说："如果灯塔是去年春天移的，那就对了。这地图是5年前修订的，那时候灯塔的确是在那边的岬角上。"

小信一路吹着口哨，轻松地爬着陡坡。

这座山从中部开始就几乎没有树木了，到处都是草，名副其实是座"草山"。

我们精神大振，一口气爬完了最后一段坡。

终于爬到山顶了。

湛蓝色的天空下，雪白的灯塔就矗立在我们面前。在山脚下看的时候，感觉它并没有多高；走到旁边才发现，这灯塔原来很雄伟。

"终于成功啦！"小信高声喊道。

是啊，我们终于站在野浜的灯塔面前了。

蓝色的大海，还有刚刚去过的花香岬，在我们面前一览无余。

"中辻应该在那个方向吧？"我用手指了指野浜的水田旁边的山。

"应该是。那块凹进去的地方是梅树岭吧？走过梅树岭这边，再穿过一片水田，应该就是我们迷路的地方。"

就这样，我俩站在灯塔旁，寻找和回顾了一遍我们的来路。

小田……

谢谢你。

嗯？

如果没有你，我肯定没法走到这里。谢谢你一直陪着我……

你能走到这里是因为有地图，我只是跟在你后面而已。

但是，小信摇了摇头。

如果没有可以信赖的朋友的陪伴，即使地图再精确，我也肯定到不了这里。

被人说成是值得信赖的朋友，这还真是第一次呢！我不好意思地低下了头，无意中发现脚下有一块方形石头。

小信，你看这是什么？

是三角点——测量时在地面上选定的基准点。你看，地图上也标着呢。

地图上的山顶上标记着△，还写着数字"116.8"，也就是说，这块石头所在位置的高度是116.8米。

好了，咱们下山吧。去绿市的公交车下午3点30分有一趟。现在回去还来得及。

小信向右转了180°，开始下山。

周一我们到了学校，安井会有什么样的表情？水本会怎么称赞我们呢？好期待呀！

我最后一次回头看了看灯塔，发现它顶部的窗玻璃在午后阳光的照耀下发出了耀眼的光芒。

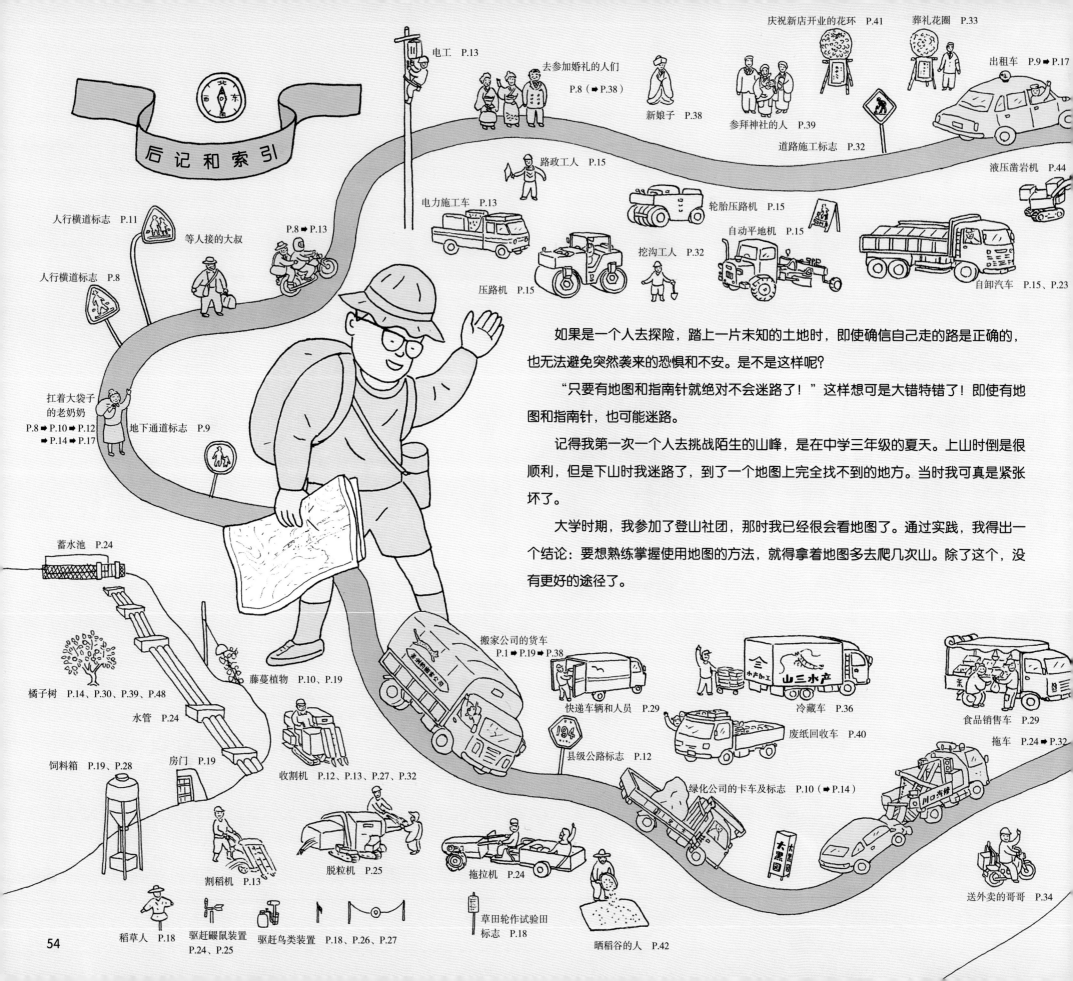

如果是一个人去探险，踏上一片未知的土地时，即使确信自己走的路是正确的，也无法避免突然袭来的恐惧和不安。是不是这样呢？

"只要有地图和指南针就绝对不会迷路了！"这样想可是大错特错了！即使有地图和指南针，也可能迷路。

记得我第一次一个人去挑战陌生的山峰，是在中学三年级的夏天。上山时倒是很顺利，但是下山时我迷路了，到了一个地图上完全找不到的地方。当时我可真是紧张坏了。

大学时期，我参加了登山社团，那时我已经很会看地图了。通过实践，我得出一个结论：要想熟练掌握使用地图的方法，就得拿着地图多去爬几次山。除了这个，没有更好的途径了。

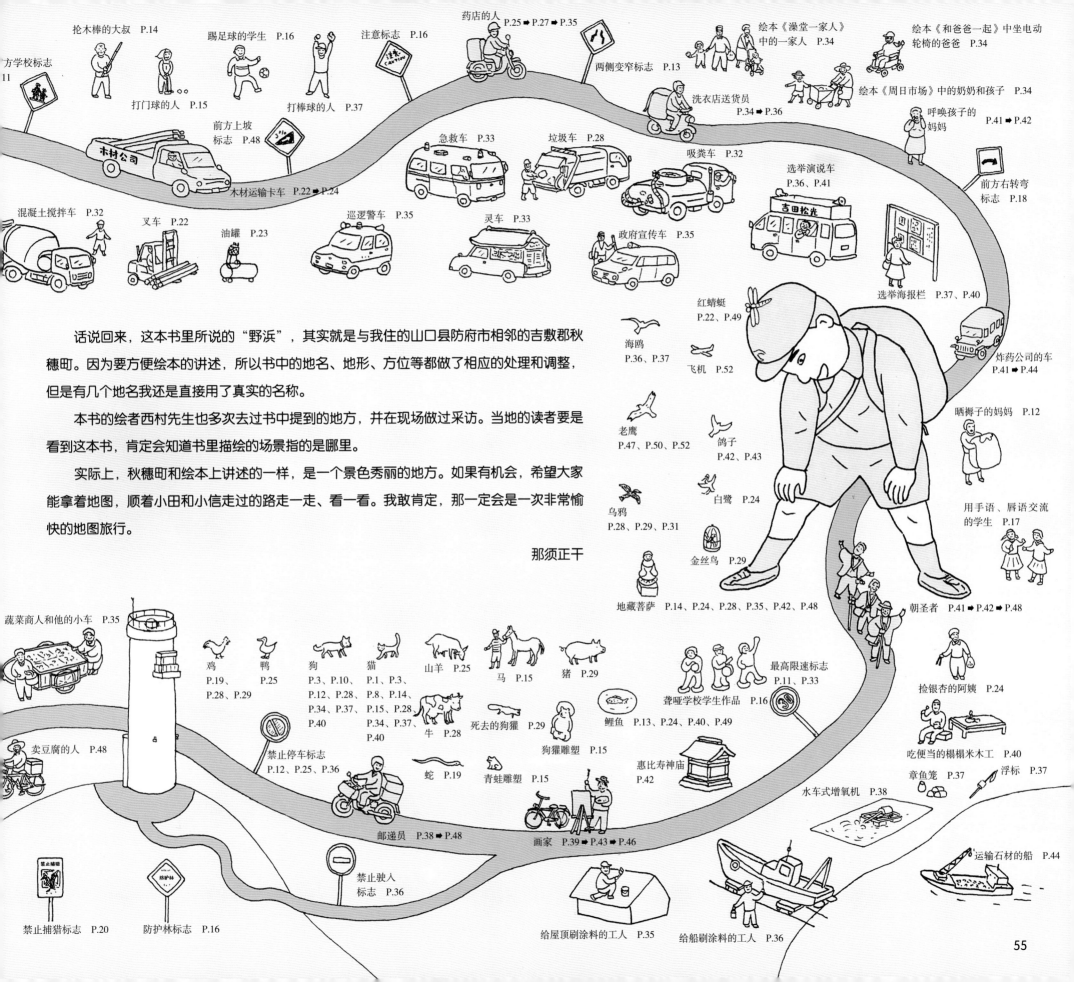

话说回来，这本书里所说的"野浜"，其实就是与我住的山口县防府市相邻的吉敷郡秋穗町。因为要方便绘本的讲述，所以书中的地名、地形、方位等都做了相应的处理和调整，但是有几个地名我还是直接用了真实的名称。

本书的绘者西村先生也多次去过书中提到的地方，并在现场做过采访。当地的读者要是看到这本书，肯定会知道书里描绘的场景指的是哪里。

实际上，秋穗町和绘本上讲述的一样，是一个景色秀丽的地方。如果有机会，希望大家能拿着地图，顺着小田和小信走过的路走一走、看一看。我敢肯定，那一定会是一次非常愉快的地图旅行。

那须正干

A JOURNEY WITH A MAP

Text © Masamoto Nasu 1989

Illustrations © Shigeo Nishimura 1989

Originally published by Fukuinkan Shoten Publishers, Inc., Tokyo, Japan, in 1989

under the title of BOKURA NO CHIZU RYOKOU (A Journey With a Map).

The simplified Chinese language rights arranged with Fukuinkan Shoten Publishers, Inc., Tokyo through DAIKOUSHA INC., KAWAGOE

All rights reserved

Simplified Chinese translation copyright © 2021 by Beijing Science and Technology Publishing Co., Ltd.

著作权合同登记号　图字：01-2014-0551

审图号：GS（2021）3958号

图书在版编目（CIP）数据

我们的地图旅行 /（日）那须正干著；（日）西村繁男绘；金海英译. —北京：北京科学技术出版社，2021.9
ISBN 978-7-5714-1461-0

Ⅰ.①我… Ⅱ.①那…②西…③金… Ⅲ.①地图–儿童读物 Ⅳ.①P28-49

中国版本图书馆CIP数据核字（2021）第039670号

策划编辑：梁　琳	电　　话：0086-10-66135495（总编室）
责任编辑：刘　洋	0086-10-66113227（发行部）
封面设计：江林春	网　　址：www.bkydw.cn
责任印制：李　茗	印　　刷：北京捷迅佳彩印刷有限公司
出 版 人：曾庆宇	开　　本：787 mm×1092 mm　1/8
出版发行：北京科学技术出版社	字　　数：94千字
社　　址：北京西直门南大街16号	印　　张：7.5
邮政编码：100035	版　　次：2021年9月第1版
ISBN 978-7-5714-1461-0	印　　次：2021年9月第1次印刷

定　　价：118.00元